Libros de física
Para madrugadores

TORNILLOS

por Sally M. Walker y Roseann Feldmann
fotografías de Andy King

ediciones Lerner • Minneapolis

Para mi hija, Chrissie, a quien amaré siempre —RF

La editorial agradece al programa Minneapolis Kids por su ayuda en la preparación de este libro.

Fotografías adicionales reproducidas con la autorización de: © Jeff Greenberg/Visuals Unlimited, pág. 10; © C. Lee/PhotoDisc, pág. 11; © Steve Callahan/Visuals Unlimited, pág. 12; © Kim Fennema/Visuals Unlimited, págs. 15, 42; © Dan Mahoney/IPS, pág. 28; © Carl Weatherly/PhotoDisc, pág. 43.

Traducción al español: copyright © 2006 por ediciones Lerner
Título original: *Screws*
Texto: copyright © 2002 por Sally M. Walker y Roseann Feldmann
Fotografías: copyright © 2002 por Andy King

La edición en español fue realizada por un equipo de traductores nativos de español de translations.com, empresa mundial dedicada a la traducción.

ediciones Lerner
Una división de Lerner Publishing Group
241 First Avenue North
Minneapolis, MN 55401 EUA

Dirección de Internet: www.lernerbooks.com

Library of Congress Cataloging-in-Publication Data

Walker, Sally M.
  [Screws. Spanish]
  Tornillos / por Sally M. Walker y Roseann Feldmann ; fotografías de Andy King.
    p. cm. — (Libros de física para madrugadores)
  Includes index.
  ISBN-13: 978–0–8225–2974–3 (lib. bdg. : alk. paper)
  ISBN-10: 0–8225–2974–2 (lib. bdg. : alk. paper)
  1. Screws—Juvenile literature. I. Feldmann, Roseann. II. King, Andy. III. Title.
TJ1338.W3518 2006
621.8'82—dc22   2005007901

Fabricado en los Estados Unidos de América
1 2 3 4 5 6 – JR – 10 09 08 07 06

CONTENIDO

DETECTIVE DE PALABRAS

¿Puedes encontrar estas palabras mientras lees sobre los tornillos? Conviértete en detective y trata de averiguar qué significan. Si necesitas ayuda, puedes consultar el glosario de la página 46.

fuerza
máquinas complejas
máquinas simples

rosca
tornillo
trabajo

Cuando le sacas punta a un lápiz, estás haciendo un trabajo. Cuando juegas o comes, ¿estás trabajando?

Capítulo 1
TRABAJO

Trabajas todos los días. En casa, ayudas en la cocina. En la escuela, le sacas punta a los lápices.

Tal vez te sorprenda saber que también trabajas durante el recreo y el almuerzo. ¡Jugar y comer también son trabajo!

Cuando los científicos usan la palabra "trabajo", no se refieren a lo opuesto de "juego". El trabajo es aplicar una fuerza para mover un objeto de un lugar a otro. Una fuerza es tirar o empujar. Aplicas una fuerza para realizar tareas, jugar y comer.

Estos niños aplican una fuerza para trepar hasta la punta.

A veces empujas o tiras de un objeto para moverlo de un lugar a otro. Entonces, has hecho un trabajo. La distancia que el objeto se mueve puede ser larga o corta, pero el objeto debe moverse. Abrir un frasco de mantequilla de maní es trabajo. Tu fuerza mueve la tapa.

Esta niña ha aplicado una fuerza para abrir la tapa del frasco. Ha hecho un trabajo.

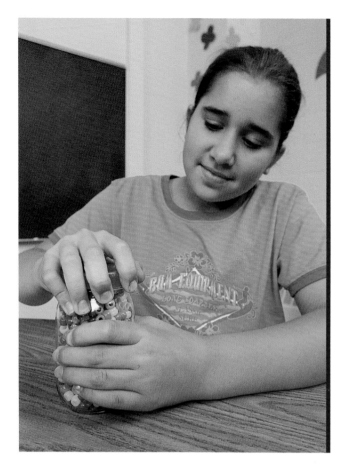

Aquí, la niña usa mucha fuerza para tratar de girar la tapa, pero ésta no se mueve. ¿Está realizando un trabajo?

Algunas tapas son muy duras para abrir. Si no puedes girar la tapa, no has hecho ningún trabajo. No es trabajo, aunque lo hayas intentado hasta que te dolieran las muñecas. No importa cuánto te hayas esforzado, no has hecho ningún trabajo. La tapa no se movió.

Un taladro eléctrico tiene muchas partes móviles. ¿Cómo se llama una máquina que tiene muchas partes móviles?

Capítulo 2

MÁQUINAS

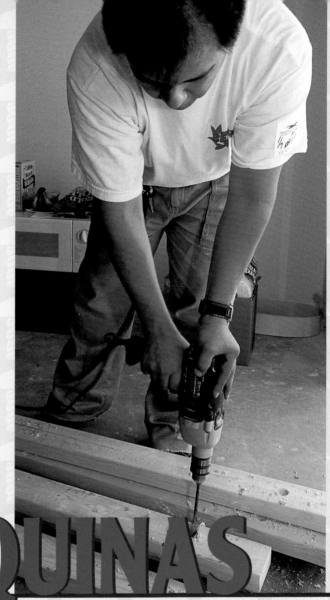

La mayoría de las personas quieren que el trabajo se realice fácil. Las máquinas son herramientas que facilitan el trabajo. Algunas también hacen que sea más rápido.

10

Algunas máquinas tienen muchas partes móviles. Las llamamos máquinas complejas. Puede ser difícil comprender cómo funcionan estas máquinas. Los taladros eléctricos y las lavadoras son máquinas complejas.

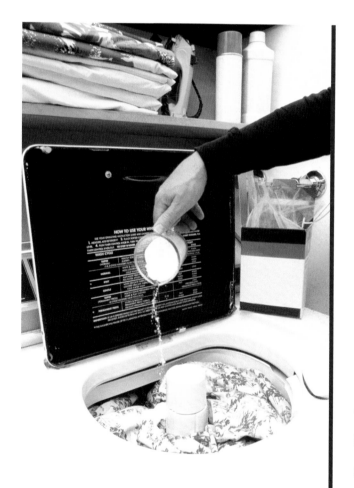

Una lavadora es una máquina compleja.

Algunas máquinas son fáciles de entender. Se conocen como máquinas simples. Estas máquinas tienen pocas partes móviles.

🔩 *Una rampa es una máquina simple. No tiene partes móviles.*

En todas las casas, escuelas y patios de juegos hay máquinas simples. Son tan simples que la mayoría de la gente no se da cuenta de que son máquinas.

Esta niña gira una rueda. Una rueda es una máquina simple.

Un tornillo es una máquina simple que se parece mucho a un clavo. ¿Cuál es la diferencia entre un clavo y un tornillo?

Capítulo 3

¿QUÉ SON LOS TORNILLOS?

Un tornillo es una máquina simple. Parece un clavo con surcos. Los surcos de los tornillos se llaman rosca.

Un destornillador se usa para girar un tornillo e insertarlo en un pedazo de madera.

Un martillo introduce un clavo en un pedazo de madera. Usas tus dedos para pasar una aguja por la tela. Sin embargo, los tornillos no se empujan, se giran. La rosca los inserta en el material. El material puede ser madera o metal. También puede ser espuma de poliestireno o plástico. ¡Incluso puede ser cemento o tierra!

Los tornillos parecen tener muchas roscas, pero en realidad sólo tienen una. Esto se puede comprobar. Necesitarás una hoja de papel, una regla, un lápiz, un crayón o marcador, cinta y tijeras.

Puedes demostrar que un tornillo sólo tiene una rosca. Éstas son las cosas que necesitarás.

🔩 *Usa la regla para medir 3 pulgadas desde una*
esquina de la hoja.

Marca un punto en una esquina del papel.
Mide 3 pulgadas desde el punto a lo largo de uno
de los bordes de la hoja. Marca una X. Luego,
mide 3 pulgadas desde el primer punto a lo largo
del otro borde de la hoja. Marca otra X.

🔩 *Cuando conectes las dos marcas,*
la línea debe verse así.

Conecta las dos X usando la regla y un crayón o marcador de color. La línea estará inclinada.

Asegúrate de cortar por fuera de la línea que dibujaste.

Usa las tijeras para cortar justo fuera de la línea. Obtendrás un triángulo con un borde inclinado de color.

🔩 *Pídele a un amigo que te ayude a envolver el lápiz en el triángulo de papel.*

Usa la cinta para pegar uno de los bordes sin color del triángulo al lápiz. Asegúrate que puedes ver la línea de color. Luego, envuelve el lápiz firmemente con el triángulo. Pega el extremo del papel con cinta para que no se desenrolle.

Observa el tornillo que hiciste. El borde inclinado de color es la rosca del tornillo. Esa única línea de color parece tres líneas que rodean al lápiz. Sabes que sólo hay una rosca, pero parece que hubiera más de una.

Parece que el tornillo tiene varias roscas, pero sabes que tiene sólo una.

Capítulo 4

CÓMO NOS AYUDAN LOS TORNILLOS

El cuello de este frasco tiene una rosca. Puedes seguirla desde arriba hacia abajo. No debes levantar el dedo. Así sabrás que el cuello tiene sólo una rosca.

El cuello de un frasco es un tornillo. La tapa gira fácilmente sobre el tornillo. Queda bien ajustada en el cuello del frasco. Sin embargo, tarda más enroscar una tapa que colocar una tapa a presión. ¿Por qué se necesita más tiempo para enroscar una tapa?

El cuello de esta botella es un tornillo. No puedes empujar la tapa para cerrar la botella. Debes girarla sobre el tornillo.

La rosca del frasco impide que la
tapa se salga.

Lleva más tiempo enroscar una tapa debido a
la rosca. ¿Por qué querrías trabajar más tiempo?
A veces, trabajar más tiempo significa que el
trabajo quedará mejor.

Puedes comprobarlo. Necesitarás un plato de espuma de poliestireno y tijeras. También necesitarás un clavo y un tornillo.

A veces un tornillo te permite hacer mejor el trabajo.

Puedes comprobarlo usando estos objetos.

Corta el plato en dos partes. Coloca una mitad sobre la otra. Atraviesa ambas partes con el clavo. Trata de separar las dos mitades. Probablemente será fácil.

Es fácil empujar un clavo a través de los dos pedazos de espuma de poliestireno, pero el clavo no los mantiene bien unidos.

Es más rápido empujar un clavo que girar un tornillo para insertarlo en la espuma de poliestireno. Sin embargo, el tornillo mantiene las dos mitades unidas mejor.

Coloca nuevamente una mitad sobre la otra. Esta vez, gira el tornillo para atravesar ambas mitades. Trata de separarlas. Es difícil. La rosca del tornillo lo mantiene firme en su lugar. Los dos pedazos de espuma de poliestireno no se separan.

El cuello de algunas botellas de plástico tiene rosca. Si la botella se cae, la rosca mantiene la tapa bien cerrada. De esta manera, el líquido no se sale de la botella.

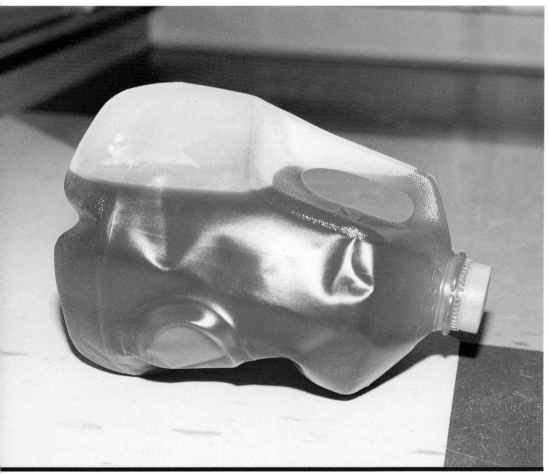

La tapa de esta botella está enroscada.
No se separó cuando se cayó la botella.

🔩 *La tapa de esta botella se coloca a presión.*

Cuando se cayó la botella, la tapa se separó.

El cuello de otras botellas no tiene rosca. La tapa se coloca a presión. Si la botella se cae, se puede separar. ¿Qué clase de botella preferirías que cayera al piso de la cocina?

¿Qué tipo de sujetador mantiene fija esta bisagra?

Abre una puerta. Mira las bisagras que la sujetan al marco. ¿Tienen clavos o tornillos? La cabeza de los clavos es lisa. La cabeza de los tornillos tiene cortes. Verás que las bisagras de la puerta usan tornillos.

Los tornillos mantienen firmes las bisagras.
Una puerta se abre y se cierra muchas veces. Sería
terrible si las bisagras se soltaran con facilidad.
¡Una puerta que se cae podría lastimar a alguien!

Una puerta se abre y se cierra a menudo.

Los tornillos evitan que se separe del marco.

Capítulo 5

¿Cuál es la diferencia entre estos dos tornillos?

TIPOS DE TORNILLOS

Mira varios tornillos distintos. ¿En qué se parecen? ¿Qué los diferencia? Cuenta el número de vueltas de rosca de cada tornillo. Algunos tienen más vueltas de rosca que otros. ¿Cómo se hace para que un tornillo tenga más vueltas de rosca? Se puede lograr cambiando la inclinación de la rosca.

Necesitarás cortar otro triángulo de papel para hacer otro tornillo.

Hagamos otro triángulo. Marca un punto en otra esquina del papel que habías usado. Mide 3 pulgadas desde el punto a lo largo de un borde. Marca una X. Luego mide 6 pulgadas a lo largo del otro borde. Marca una X. Conecta las X mediante una línea recta. Corta el triángulo como lo hiciste antes.

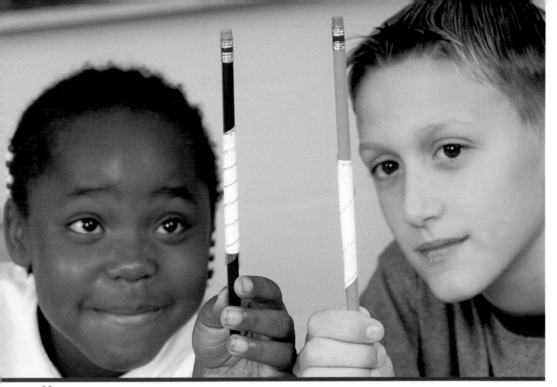

Uno de estos tornillos tiene más vueltas
de rosca que el otro.

Luego, usa cinta para pegar el lado de 3
pulgadas de este triángulo a un lápiz. Envuelve el
lápiz con el triángulo y pega el extremo del papel
con cinta para que no se desenrolle. Coloca los dos
tornillos que hiciste lado a lado. Observa las
vueltas de rosca que se formaron con la línea
nueva, más larga. ¿Parece que este lápiz tiene más
vueltas de rosca? ¿Cuántas vueltas más tiene?

Si un tornillo tiene pocas vueltas de rosca, ésta cortará el material de forma rápida y profunda. No hay que girar el tornillo muchas veces para apretarlo, pero se necesita mucha fuerza para enroscarlo.

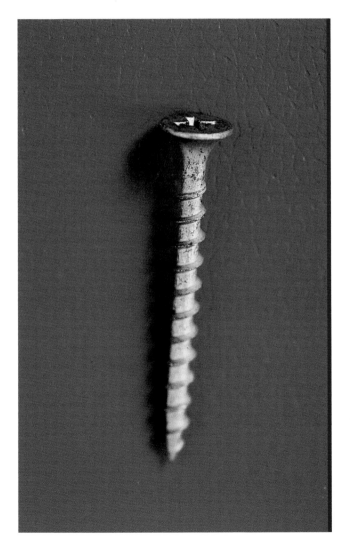

 Un tornillo con pocas vueltas de rosca sólo tiene que girarse pocas veces para que quede apretado.

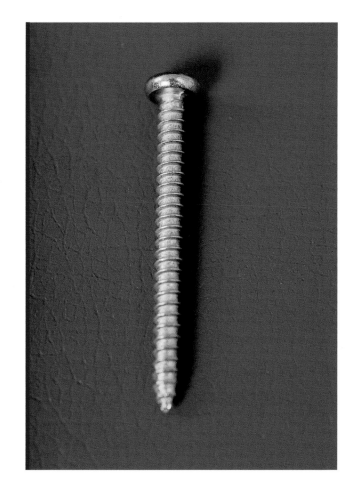

Un tornillo con muchas vueltas de rosca debe girarse muchas veces para que quede apretado.

Si un tornillo tiene muchas vueltas de rosca, ésta no penetrará en el material de manera tan rápida y profunda. Tendrás que girarlo más veces para apretarlo, pero es más fácil girarlo. ¿Por qué es más fácil girar un tornillo que tiene más vueltas de rosca? Vamos a averiguarlo.

Piensa en los dos triángulos que hiciste. El triángulo con inclinación corta y pronunciada formaba pocas vueltas de rosca en el lápiz. El triángulo con inclinación más larga formaba más vueltas de rosca.

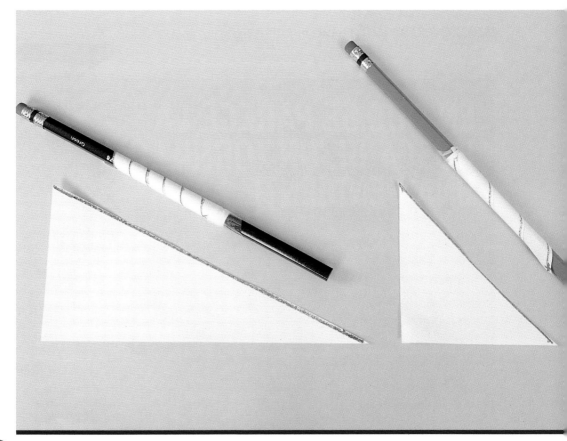

Los dos tornillos se hicieron con triángulos como éstos.

¿Qué triángulo formó el tornillo con más vueltas de rosca?

Imagina que los triángulos son dos colinas. Sería difícil escalar la pendiente corta y empinada. Para cada paso se requiere mucha fuerza. Sería más fácil escalar la pendiente más larga, que no es tan empinada. Caminarías una distancia mayor para alcanzar la cima, pero necesitarías poca fuerza en cada paso.

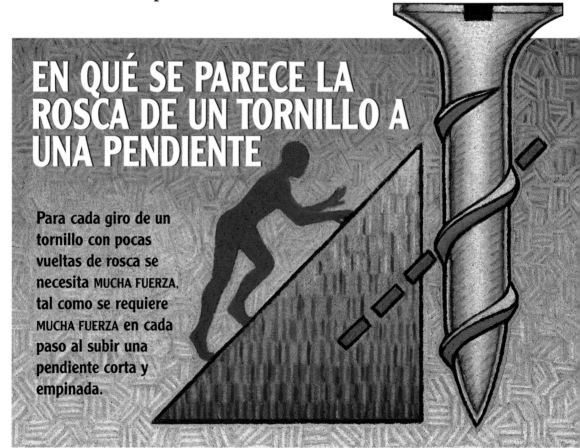

EN QUÉ SE PARECE LA ROSCA DE UN TORNILLO A UNA PENDIENTE

Para cada giro de un tornillo con pocas vueltas de rosca se necesita MUCHA FUERZA, tal como se requiere MUCHA FUERZA en cada paso al subir una pendiente corta y empinada.

Enroscar un tornillo con pocas vueltas de rosca es como escalar una colina empinada. Para cada giro necesitas mucha fuerza. Enroscar un tornillo con muchas vueltas de rosca es como subir por una pendiente más larga. Hay que girar el tornillo más veces, pero en cada giro se necesita menos fuerza. Eso facilita el trabajo.

Para cada giro de un tornillo con muchas vueltas de rosca se necesita POCA FUERZA, tal como se requiere POCA FUERZA en cada paso al subir una pendiente más larga.

Esta niña gira un tornillo con pocas vueltas de rosca. Por lo tanto, está usando mucha fuerza.

Cuando giras un tornillo con pocas vueltas de rosca, ésta penetra rápida y profundamente. Sólo hay que girar el tornillo unas cuantas veces para que entre por completo, pero debes usar mucha fuerza. Usar un tornillo con pocas vueltas de rosca es como subir por una colina empinada. Se necesitan menos pasos para llegar a la cima, pero se usa mucha fuerza.

Cuando giras un tornillo con muchas vueltas de rosca, ésta penetra sólo un poco con cada giro. Esto significa que tendrás que girar el tornillo más veces para que entre por completo, pero usarás menos fuerza. Usar un tornillo con muchas vueltas de rosca es como subir por una colina de pendiente suave. Se necesitan más pasos para llegar a la cima, pero se usa mucha menos fuerza.

Algunas personas prefieren usar tornillos con muchas vueltas de rosca. Así usan menos fuerza.

41

Has aprendido mucho sobre tornillos. Esta máquina simple te da una ventaja. Una ventaja es una mejor oportunidad de realizar tu trabajo. Usar un tornillo es casi como tener un ayudante, y esto es una gran ventaja.

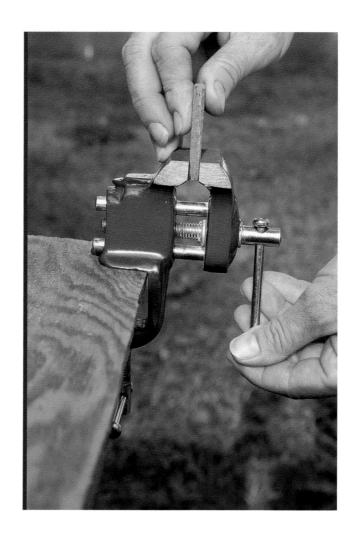

Los tornillos se usan para muchas cosas. El tornillo de esta prensa de banco ayuda a mantener fijo un objeto.

¡*Las máquinas simples te ayudan cuando*
trabajas y cuando juegas!

SOBRE COMPARTIR UN LIBRO

Al compartir un libro con un niño, le demuestra que leer es importante. Para aprovechar al máximo la experiencia, lean en un lugar cómodo y silencioso. Apaguen el televisor y eviten otras distracciones, como el teléfono. Estén preparados para comenzar lentamente. Túrnense para leer distintas partes del libro. Deténganse de vez en cuando para hablar de lo que están leyendo. Hablen sobre las fotografías. Si el niño comienza a perder interés, dejen de leer. Cuando retomen el libro, repasen las partes que ya han leído.

Detective de palabras
La lista de palabras de la página 5 contiene palabras que son importantes para entender el tema de este libro. Conviértanse en detectives de palabras y búsquenlas mientras leen juntos el libro. Hablen sobre el significado de las palabras y cómo se usan en la oración. ¿Alguna de estas palabras tiene más de un significado? Las palabras están definidas en un glosario en la página 46.

¿Qué tal unas preguntas?
Use preguntas para asegurarse de que el niño entienda la información de este libro. He aquí algunas sugerencias:

> ¿Qué nos dice este párrafo? ¿Qué muestra la imagen? ¿Qué crees que aprenderemos ahora? ¿Qué significa hacer un trabajo? ¿Qué es una máquina simple? ¿Las máquinas simples facilitan el trabajo? ¿Por qué? ¿Un tornillo es una máquina simple? ¿Puedes mencionar algunos ejemplos de tornillos? ¿Puedes encontrar esta máquina simple en casa o en la escuela? ¿Cuál es tu parte favorita del libro? ¿Por qué?

Si el niño tiene preguntas, no dude en responder con otras preguntas, tales como: ¿Qué crees? ¿Por qué? ¿Qué es lo que no sabes? Si el niño no recuerda algunos hechos, consulten el índice.

Presentación del índice
El índice ayuda a los lectores a encontrar información sin tener que revisar todo el libro. Consulte el índice de la página 47. Elija una entrada, por ejemplo *rosca*, y pídale al niño que use el índice para averiguar si los tornillos tienen más de una rosca. Repita este proceso con todas las entradas que desee. Pídale al niño que señale las diferencias entre un índice y un glosario. (El índice ayuda a los lectores a encontrar información, mientras que el glosario explica el significado de las palabras.)

44

APRENDE MÁS SOBRE

MÁQUINAS SIMPLES

Libros

Baker, Wendy y Andrew Haslam. *Machines*. Nueva York: Two-Can Publishing Ltd., 1993. Este libro ofrece muchas actividades educativas y divertidas para explorar las máquinas simples.

Burnie, David. *Machines: How They Work*. Nueva York: Dorling Kindersley, 1994. Comenzando por descripciones de máquinas simples, Burnie explora las máquinas complejas y cómo funcionan.

Hodge, Deborah. *Simple Machines*. Toronto: Kids Can Press Ltd., 1998. Esta colección de experimentos muestra a los lectores cómo construir sus propias máquinas simples con artículos domésticos.

Van Cleave, Janice. *Janice Van Cleave's Machines: Mind-boggling Experiments You Can Turn into Science Fair Projects*. Nueva York: John Wiley & Sons, Inc., 1993. Van Cleave anima a los lectores a usar experimentos para explorar cómo las máquinas simples facilitan el trabajo.

Ward, Alan. *Machines at Work*. Nueva York: Franklin Watts, 1993. Este libro describe las máquinas simples y presenta el concepto de máquinas complejas. Contiene muchos experimentos útiles.

Woods, Michael y Mary B. Woods. *Ancient Machines*. Minneapolis: Runestone Press, 2000. Mediante fotografías y explicaciones exhaustivas, este libro explora la invención de las seis máquinas simples en diversas civilizaciones antiguas. También muestra cómo estas máquinas son la base de todas las máquinas complejas.

Sitios Web

Simple Machines
http://sln.fi.edu/qa97/spotlight3/spotlight3.html Este sitio presenta información breve sobre las seis máquinas simples, provee vínculos útiles relacionados con cada una de ellas e incluye experimentos para algunas.

Simple Machines—Basic Quiz
http://www.quia.com/tq/101964.html Este desafiante cuestionario interactivo permite a los nuevos físicos probar sus conocimientos sobre el trabajo y las máquinas simples.

45

GLOSARIO

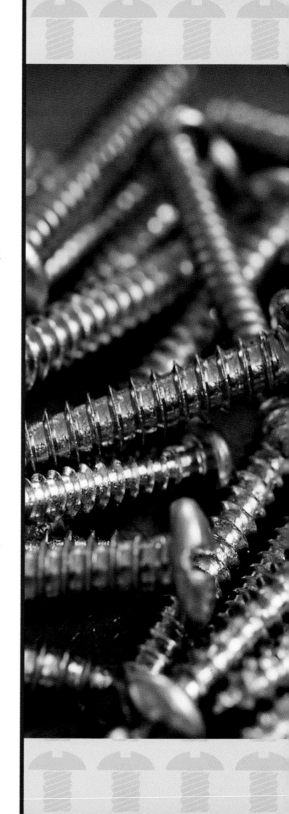

fuerza: tirar o empujar. Aplicas una fuerza al realizar tareas, jugar y comer.

máquinas complejas: máquinas que tienen muchas partes móviles. Las lavadoras y los taladros eléctricos son máquinas complejas.

máquinas simples: máquinas que tienen pocas partes móviles. Un tornillo es una máquina simple.

rosca: los surcos de un tornillo.

tornillo: máquina simple que parece un clavo con surcos. Las tapas de algunos frascos también son tornillos.

trabajo: aplicar una fuerza para mover un objeto de un lugar a otro.

ÍNDICE

Acerca de los autores

Sally M. Walker es autora de muchos libros para lectores jóvenes. Cuando no está investigando o escribiendo libros, la Sra. Walker trabaja como asesora de literatura infantil. Ha enseñado literatura infantil en la Universidad del Norte de Illinois y ha hecho presentaciones en muchas conferencias sobre lectura. Sally vive en Illinois con su esposo y sus dos hijos.

Roseann Feldmann obtuvo una licenciatura en biología, química y educación en la Universidad de St. Francis y una maestría en educación en la Universidad del Norte de Illinois. En el área de la educación, ha sido maestra, instructora universitaria, autora de planes de estudio y administradora. Actualmente vive en Illinois, con su esposo y sus dos hijos, en una casa rodeada por seis acres llenos de árboles.

Acerca del fotógrafo

Andy King, fotógrafo independiente, vive en St. Paul, Minnesota, con su esposa y su hija. Andy se ha desempeñado como fotógrafo editorial y ha completado varias obras para Lerner Publishing Group. También ha realizado fotografía comercial. En su tiempo libre, juega al básquetbol, pasea en su bicicleta de montaña y toma fotografías de su hija.

CONVERSIONES MÉTRICAS

CUANDO ENCUENTRES:	MULTIPLICA POR:	PARA CALCULAR:
millas	1.609	kilómetros
pies	0.3048	metros
pulgadas	2.54	centímetros
galones	3.787	litros
toneladas	0.907	toneladas métricas
libras	0.454	kilogramos